AF586346

SOCIÉTÉ DES AGRICULTEURS DE FRANCE

COMMISSION DES ENGRAIS

ENQUÊTE

SUR LES

STATIONS AGRONOMIQUES

QUESTIONNAIRE ET RÉPONSES

RAPPORT AU NOM DE LA COMMISSION

PAR

M. ALFRED DURAND-CLAYE
Ingénieur des ponts et chaussées

PARIS
AU SIÉGE DE LA SOCIÉTÉ
1, RUE LE PELETIER, 1

1878

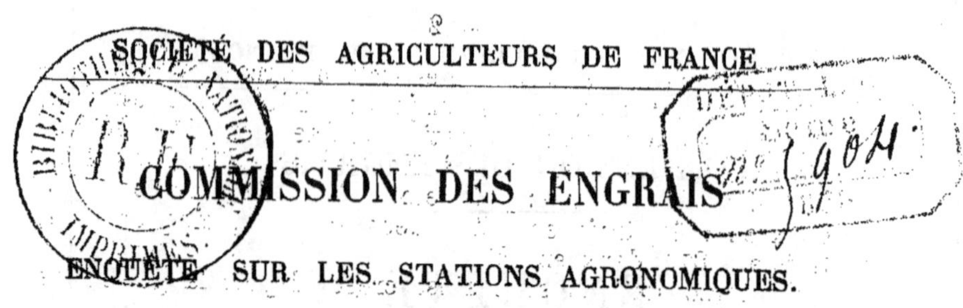

SOCIÉTÉ DES AGRICULTEURS DE FRANCE

COMMISSION DES ENGRAIS

ENQUÊTE SUR LES STATIONS AGRONOMIQUES.

Origine de l'enquête. — La Société des agriculteurs de France a été plusieurs fois sollicitée d'accorder des subventions à des stations agronomiques en voie de formation. Sur l'avis de la Commission permanente des engrais, ces demandes ont presque toujours obtenu une solution favorable. Il était naturel que notre Société encourageât les efforts locaux qui pouvaient répandre la science pratique dans nos diverses régions agricoles. Mais quels résultats obtenaient les stations, encouragées ainsi à leur début? Fonctionnaient-elles régulièrement? Existaient-elles même? On pouvait se poser de pareilles questions ; car, dans certains documents étrangers récemment publiés, notamment en Allemagne, on se contentait de citer les noms de quelques localités, telles que Caen, Lille, Clermont-Ferrand, où se trouvaient des établissements appréciés dans les termes suivants : « Actuellement nous sommes trop peu renseignés sur leur fonctionnement pour en pouvoir apprécier l'importance (1). »

La Commission des engrais a cru de son devoir de répondre à un jugement aussi sommaire. Elle a cherché à renseigner les membres de la Société des agriculteurs de France et le public sur le nombre et l'importance de nos stations agronomiques. Elle a adressé aux divers chefs de stations un questionnaire, reproduit ci-dessous. Elle est heureuse de pouvoir publier aujourd'hui les résultats de cette enquête toute officieuse. Vingt-trois réponses lui sont parvenues; elles sont reproduites *in extenso* ci-dessous. La lecture de ces documents ne saurait manquer d'intéresser vivement tous ceux qui aiment l'agriculture française. Elle montre les progrès accomplis; elle montre l'excellente voie où marchent aujourd'hui une grande partie de nos provinces agricoles. Sans déflorer ce que les documents publiés par la Commission offrent d'intéressant par eux-mêmes, la Commission se contentera de résumer à grands traits les faits généraux qui se dégagent de l'enquête, s'en référant pour les détails au texte même des réponses.

(1) Entwickelung und Thatigkeit der Land und Forst-wissenschaftlichen. Versuch-Stationen in der ersten 25 Jahren ihres Bestehens.

1° *Date de la création.* — Les stations agronomiques françaises sont généralement assez jeunes. Dès 1847, il est vrai, M. Isidore Pierre créait la station de Caen; en 1850, M. Bobierre suivait son exemple à Nantes; en 1860, Compiègne ouvrait un laboratoire ; puis deux stations s'ouvrent en 1868, deux en 1870, trois en 1873, deux en 1874, cinq en 1875, trois en 1876, deux en 1877.

Quatorze stations sont ainsi créées depuis la guerre de 1870-1871.

2° *Répartition géographique.* — Les stations agronomiques sur lesquelles des documents ont été recueillis par la Commission peuvent se classer géographiquement de la manière suivante :

Dans la région du Nord proprement dite, trois : à Lille, Béthune, Arras.

Dans la région du Centre, bassin de la Seine, six : à Beauvais, Clermont (Oise), Compiègne, Grignon, Melun, Auxerre.

Dans la région de l'Ouest, quatre : à Caen, Morlaix, Lézardeau, Nantes.

Dans la région du Centre, bassin de la Loire, sept : Orléans, Mettray, Hubaudières (Indre-et-Loire), Châteauroux, Bourges, Clermont-Ferrand, le Fau (Cantal).

Dans la région de l'Est, deux : Nancy (1), Dijon (2).

Dans la région du Midi, une : Montpellier, avec une station séricicole dans la même localité.

Cette simple énumération montre que les régions où les stations sont les plus rares comprennent spécialement le midi et l'est de la France. La Commission ne peut faire que des vœux pour que le mouvement constaté dans le nord, le centre et l'ouest de la France, s'étende dans ces parages.

3° *Locaux occupés par les stations.* — Sur vingt-trois stations, huit occupent des locaux spéciaux et indépendants; trois sont des dépendances de facultés des sciences, à Caen, Nancy et Dijon; six sont des dépendances, comme local, de lycées, colléges, ou établissements d'enseignement; cinq se rattachent à des établissements agricoles; nous citerons spécialement les stations de Grignon, à l'École nationale du même nom, de Lézardeau, à l'école de drainage; de Mettray à l'établissement pénitentiaire; de Hubaudières, à la ferme-école; de Montpellier, à l'école d'agriculture.

4° *Administration des stations.* — Un certain nombre de

(1) La station de Nancy n'a pas répondu au questionnaire qui lui a été adressé; les renseignements, relatifs à cette station, ont été tirés de la publication allemande précitée.

(2) Les réponses de la station agronomique de Dijon ne sont pas parvenues à la Commission.

stations forment des établissements absolument libres et indépendants, où toute la direction et la responsabilité incombent au chef de la station ; ces stations sont au nombre de dix. Notons néanmoins que quelques-uns des directeurs libres sont membres d'établissements scientifiques de l'Etat, tels que M. Isidore Pierre, doyen de la faculté des sciences, à Caen ; M. Grandeau, professeur à la faculté des sciences de Nancy : MM. Truchot, à Clermont-Ferrand ; Duclaux, au Jau et à Lyon, appartiennent également à des facultés. Des conseils de surveillance et d'administration sont institués auprès d'une grande partie des stations agronomiques, douze sur vingt-trois. Ce sont tantôt des conseils émanés des comices agricoles, tantôt des conseils formés de conseillers généraux et de membres des sociétés agricoles du département, tantôt enfin des conseils tout spéciaux, comme à Mettray, où est instituée une commission, composée de membres de la Société des agriculteurs de France.

5° *Personnel.* — Dans la majeure partie des stations, le personnel comprend trois personnes : le directeur, le préparateur et un garçon de laboratoire. Trois stations sont établies dans de simples pharmacies où le personnel est composé du pharmacien et de ses élèves et commis. Dans certains cas, le personnel, chargé d'études multiples et compliquées, météorologie, zootechnie, arboriculture, etc., atteint un chiffre élevé : huit personnes à Grignon, sept à Beauvais, où la station dépend de l'Institut agricole tenu par des frères des Écoles chrétiennes, et comprend un directeur, deux chimistes, un agent chargé de la météorologie et de l'apiculture, un professeur d'horticulture et d'arboriculture, etc.

6° *Champ d'expériences.* — Sept stations ont des champs d'expériences qui leur sont spéciaux ; six en sont absolument privées ; les autres ont à leur disposition soit des terrains offerts par des particuliers, soit les domaines dépendant des institutions mêmes auxquelles sont rattachées des stations, telles que les domaines de Grignon, de Mettray, les fermes-écoles de Lézardeau, de Hubaudières, le domaine de l'Institut agricole de Beauvais qui a une étendue de 125 hectares.

7° *Subventions.* — Un grand nombre de stations, *douze*, sont subventionnées par le ministère de l'agriculture et du commerce; elles reçoivent de 1,000 à 3,500 francs. Les conseils généraux interviennent assez souvent pour accorder une subvention départementale ; cette subvention, très-variable, part de 300 francs pour atteindre 8,900 francs dans l'Yonne ; elle est signalée dans dix stations. Les Sociétés d'agriculture locales et les comices subventionnent huit stations, en leur accordant des crédits annuels variant de 200 à 1,000 francs et même à 3,500 francs dans l'Yonne. Un simple particulier, M. Aubergier, accorde généreusement à la station agronomique de Clermont-Ferrand une somme annuelle de 1,300 francs. A Grignon, le gouvernement accorde une subvention de 5,000 francs. A Mettray, la Société des agriculteurs de France a jusqu'ici accordé un crédit annuel de 12,000 francs au laboratoire qu'elle a créé et développé.

La Société des agriculteurs de France est en outre intervenue dans la création d'un certain nombre de stations agronomiques en accordant des sommes montant à 1,000 francs, en général, par chaque station. Les comices et les sociétés locales ont quelquefois suivi cet exemple. Nous ne citerons que pour mémoire le cas exceptionnel de Nancy, où le ministère de l'agriculture a accordé une subvention de 15,000 francs, celui de l'instruction publique 2,000 et les sociétés locales 2,000 francs.

8° *Travaux.* — Les diverses stations s'occupent spécialement des analyses d'engrais et de sols. Elles y joignent l'étude des produits agricoles spéciaux à la région et notamment celle de la betterave dans le Nord et des vignes dans la Touraine et le Midi. A Montpellier, une station séricicole existe à côté de la station agronomique.

Les analyses, faites pour des particuliers sont payées suivant tarifs. Elles donnent un revenu annuel, qui, dans beaucoup de cas, ne dépasse pas 300 fr., mais qui, pour plusieurs stations, atteint 1,000fr. et même 2,000 fr. comme à Mettray.

La plupart des chefs de station ont bien voulu indiquer les travaux scientifiques auxquels ils se sont personnellement livrés. Ces travaux sont consignés dans des ouvrages spéciaux ou revues périodiques, dont plusieurs ont été envoyés à la Commission et sont énumérés à l'annexe n° 3. Ils portent, comme on le voit dans les diverses réponses au questionnaire, sur les questions agricoles les plus variées. La Commission des engrais ne peut qu'applaudir à de pareilles recherches qui sont à la fois l'intérêt et l'honneur de nos stations départementales.

Résumé. — En résumé, les stations agronomiques françaises existent et travaillent. Elles ont répondu au nombre de vingt-trois au questionnaire de la Commission; ces réponses sont la meilleure preuve de la vitalité croissante de ces institutions nationales. Les directeurs des stations françaises tiennent à cœur par leurs travaux de maintenir ou de conquérir le double titre de chimistes et d'agronomes. La Société des agriculteurs ne peut que les encourager dans cette noble voie et que s'applaudir d'avoir provoqué, par son enquête, cette nouvelle manifestation de nos forces nationales.

Le rapporteur : ALFRED DURAND-CLAYE,
Ingénieur des ponts et chaussées.

ANNEXE N° 1.

QUESTIONNAIRE ADRESSÉ AUX STATIONS

PAR LA COMMISSION DES ENGRAIS.

I. — *Année de la fondation. Qui en a pris l'initiative?*

II. — *La station est-elle isolée ou dépend-elle de quelque établissement public, d'instruction ou autre?*

III. — *Nom du directeur.*

IV. — *Administration. Existe-t-il un conseil d'administration en dehors du directeur?*

V. — *Personnel. Nombre et fonctions des employés. Leurs noms.*

VI. — *La station a-t-elle un champ ou jardin d'expérience?*

VII. — *Objet. Quelles sont les recherches que la station a principalement en vue?*

VIII. — *Subventions* { *annuelles* / *éventuelles* } { *Quelle en est la nature et l'importance?*

IX. — *Travaux de la station.* { *théoriques* / *rémunérés* } { *Quelle en est la nature et le produit annuel?*

X. — *Travaux produits par la station depuis sa fondation, publications et mémoires. Titres et dates de publication. Dans quel journal ou revue ont-ils paru?*

XI. — *Renseignements non prévus au questionnaire.*

ANNEXE N° 2.

RÉPONSES FAITES PAR LES STATIONS AU QUESTIONNAIRE QUI PRÉCÈDE.

STATION AGRONOMIQUE DE LILLE (NORD).

I. — 1870. M. Corenwinder, chimiste agronome à Lille.

II. — Elle dépend du comice agricole de Lille, dont elle est en quelque sorte une annexe.

III. — Albert Ladureau, en même temps directeur du laboratoire de l'Etat, à Lille.

IV. — Quinze membres du comice agricole de Lille, choisis par le comice dans son bureau et ses membres ordinaires.

V. — Un élève et préparateur, M. Ringo. Un garçon de laboratoire.

VI. — Elle a plusieurs champs situés dans les cultures de ses membres ou des membres ordinaires du comice qui les mettent à la disposition de son directeur.

VII. — Les recherches relatives à la culture de la betterave, du lin, et en général toutes les questions agricoles intéressant la région.

VIII. — Subvention annuelle du ministère de l'agriculture, 2,000 francs.

Subvention annuelle du conseil général du Nord, 1,500 fr.

Subvention éventuelle : deux subventions de la Société des agriculteurs de France (de 500 francs l'une), 1,000 francs.

IX. — 1° Recherches sur la culture de la betterave, du blé, du lin, sur la composition de certains aliments pour le bétail, analyses de sols, etc. ;

2° Analyses de sols, d'engrais, de produits agricoles divers. Environ 12 à 1,500 francs par an.

X. — Ces travaux consistent en une série de bulletins d'analyse qui ont paru dans les archives de l'agriculture du Nord (Lille, Castiaux, 1870.....).

1° Mémoire sur la culture de la betterave à sucre, influence de l'écartement des plantes ;

2° Mémoire. Influence des engrais divers ;

3° Mémoire. Influence de la graine, et de son traitement chimique ;

4° Influence du mode d'enfouissement des engrais.

1er Mémoire sur la maladie du lin dite brûlure. . 1876
2e — — — 1877

Etude sur la valeur alimentaire des pois secs et concassés.

Etudes sur la composition du lait de vache et du lait de beurre, dit lait battu.

Enfin des notes qui paraissent presque hebdomadaires dans les journaux agricoles divers, locaux et français sur les questions agricoles et les engrais employés.

STATION AGRONOMIQUE D'ARRAS (PAS-DE-CALAIS).

I. — 1868. M. Pagnoul, professeur de chimie et secrétaire de la Société d'agriculture d'Arras.

II. — Ses deux laboratoires ont été construits au collége par la ville en 1868, auprès des laboratoires destinés à l'enseignement.

III. — M. Pagnoul.

IV. — Aucun. Les travaux de la station étant des travaux de recherches ne peuvent être imposés et doivent nécessairement émaner de celui qui les fait.

V. — M. Lavoisier, préparateur. Un jardinier.

VI. — Elle possède un champ d'expériences près de la ville et de la gare ; il s'y trouve installé un pluviomètre, un abri pour les observations thermométriques, une pompe ; une bascule pour les pesées, etc.

VII. — La station étant au centre d'une région sucrière, s'est surtout occupée de la culture de la betterave et de tout ce qui s'y rattache. Elle a éclairé les cultivateurs sur la valeur des engrais dont le commerce se fait aujourd'hui avec beaucoup plus de loyauté dans le département.

VIII. — Du ministère de l'agriculture. . 2,000 francs
Du conseil général. . . . . . . 2,200 —
De la Société d'agriculture. . . . 300 —

IX. — Travaux théoriques : Recherches sur la culture et la composition de la betterave, de l'œillette et de la pomme de terre, sur les terres et les eaux du Pas-de-Calais, sur les produits se rattachant à l'industrie sucrière. Organisation des études météorologiques dans le département.

Travaux rémunérés : 500 à 600 analyses rétribuées, dont le produit peut être évalué à 2,500 francs et ayant surtout pour objet des noirs, des phosphates, des nitrates, des engrais divers, des betteraves, des mélasses.

X. — Comptes-rendus des travaux de la station publiés depuis 1870, dans une brochure annuelle. Ces brochures renferment les résultats obtenus sur la betterave, la pomme de terre, l'œillette, les eaux du département, les engrais qui y sont employés, les produits intéressant l'industrie sucrière; des observations météorologiques; une méthode pour l'essai rapide et la classification des terres arables; quelques détails sur les méthodes d'analyses employées.

Trois articles publiés dans les annales agronomiques.

Deux brochures spéciales sur la météorologie du département en 1876 et 1877.

XI. — Il me paraît indispensable de joindre le budget des dépenses à celui des recettes donné ci-dessus :

Traitement du préparateur.	2,200	francs
Gaz, produits chimiques, appareils, impressions, dépenses diverses	3,850	—
Météorologie : entretien des stations, instruments, bulletins, correspondance . . .	300	—
Champ d'expériences	300	—
Brochure de météorologie	300	—

STATION AGRONOMIQUE DE BÉTHUNE (PAS-DE-CALAIS).

I. — 1874. Le comice agricole de Béthune.

II. — La station est annexée au collége communal de Béthune.

III. — Renard Adalbert.

IV. — Une commission formée de quatre membres du comice agricole.

V. — Un directeur et un préparateur, Directeur. M. Renard Adalbert. Préparateur, M. Delorz Charles.

VI. — Non Ses ressources ne sont pas suffisantes.

VII. — Analyses des engrais, publication des résultats, dans les journaux de la localité, pour éclairer les cultivateurs et les mettre en garde contre certains engrais fraudés, ou d'une valeur nulle.

VIII. — Le comice a donné trois subventions de 500 francs chacune, soit 1,500 francs.

Le ministère de l'agriculture a alloué 1,000 francs.

Ces 2,500 francs ont été employés à l'achat des appareils les plus indispensables.

Le conseil général a voté chaque année un encouragement de 300 francs au directeur.

Le comice agricole doit dans quelques jours voter une subvention nouvelle de 150 francs pour frais d'analyses.

IX. — Les travaux théoriques n'ont pas encore pris un grand développement faute d'un champ d'expériences. Cependant, l'an dernier, on a fait gratuitement des expériences comparatives sur le rapport entre la densité et la richesse saccharine de la betterave. Ces expériences ont porté sur près de 60 lots de betteraves.

Les analyses rétribuées du dernier trimestre ont été au nombre de 50, soit, à 5 francs en moyenne, 250 francs par trimestre.

X. — Les travaux cités plus haut ont été publiés dans les comptes rendus du comice agricole de Béthune.

STATION AGRONOMIQUE DE BEAUVAIS (OISE).

I. — Le 1er janvier 1873. L'initiative de la création de la station agronomique de l'Oise est due à M. Choppin, alors préfet de l'Oise.

II. — La station dépend de l'Institut agricole, dirigé par les frères des écoles chrétiennes.

III. — Frère Eugène-Marie, directeur de l'Institut agricole, du Cours normal.

IV. — Le conseil d'administration est composé de :

MM. de Corberon, président de la Société d'agriculture, conseiller général;
Le duc de Mouchy et Moison, conseillers généraux;
Boursier, délégué de la Société des agriculteurs de France;
Wallet, de la Société d'agriculture de Compiègne;
Jules Labitte, de la Société d'agriculture de Clermont;
Debat — — de Senlis;
Louis Gossin, secrétaire et professeur d'agriculture;

MM. Frère Albert-Eugène, trésorier;
Frère Arsénius, chef de division à l'Institut agricole.

V. — Le personnel comprend :

MM. le frère Eugène-Marie, directeur;
Lucas, chimiste, directeur du laboratoire;
Dubos, vétérinaire, professeur de zootechnie à l'Institut agricole;
Frère Almire, chargé des expériences et travaux d'analyses scientifiques;
Frère Laurentius, directeur de la ferme du Bois;
Delaville, professeur d'horticulture et d'arboriculture;
Frère Adelin, chargé des observations météorologiques et des travaux d'apiculture.

VI. — Les champs d'expériences pour ces cultures sont situés sur la ferme du Bois, annexe de l'Institut agricole. Cette ferme contient 125 hectares de terre de nature variée. Elle dépend de la commune de Notre-Dame du Thil, près Beauvais.

La station peut disposer de tout le terrain jugé nécessaire aux cultures expérimentales par le directeur.

VII. — Indépendamment des analyses de toutes sortes demandées par les agriculteurs et les industriels, et qui font l'objet du travail spécial du chef du laboratoire, la station étend ses recherches sur les végétaux de la grande culture, tels que céréales, racines, fourrages, etc., etc.; sur le bétail au point de vue de l'amélioration des races et en particulier des races chevaline, bovine et porcine.

Les expériences commencées à cet effet ne pourront être livrées à la publicité que dans un temps plus ou moins éloigné.

Les observations météorologiques sont dirigées dans le sens des indications fournies par l'Observatoire de Paris, et il en est dressé un tableau exact chaque mois.

Ce qui intéresse l'apiculture et l'horticulture est l'objet de travaux spéciaux.

VIII. — Elles se composent de 1,000 francs du ministère de l'agriculture et de 1,000 francs du conseil général de l'Oise.

IX. — Les travaux théoriques ne sont pas rétribués jusqu'alors.

Les analyses chimiques peuvent donner une rétribution de 3 à 400 francs par an.

X. — Depuis sa fondation la station agronomique a publié dans ses annales :

1° Un travail sur la culture de la pomme de terre;
2° Diverses expériences sur les engrais;

3° Sur diverses variétés de betteraves, au point de vue du mode de culture; de leur rendement en sucre, etc.;

4° Une étude sur les graminées fourragères. Travail de longue haleine qui sera continué chaque année.

Ces articles ont paru dans les *Annales agronomiques* de M. Dehérain, la *Gazette des Campagnes*, dans les journaux de l'Oise et de Charleville.

XI. — L'installation première de la station a nécessité une dépense d'environ 4,000 francs, qui a été couverte en partie par :

La Société des agriculteurs de France.	1,000	francs
Le département de l'Oise.	1,000	—
Les 4 Sociétés d'agriculture de l'Oise.	1,000	—
Total. .	3,000	—

Le chimiste, chef du laboratoire, reçoit un traitement de 1,000 francs.

Le directeur de la station et les professeurs ne reçoivent aucune rétribution.

Les frais de chauffage, d'éclairage, et les frais d'analyses expérimentales (ce sont les plus nombreuses), sont demeurés à la charge de l'Institut agricole.

STATION AGRONOMIQUE DE CLERMONT (OISE).

29 janvier 1878.

Monsieur le Secrétaire,

J'ai reçu ce matin même la lettre que vous m'avez fait l'honneur de m'adresser pour me demander des renseignements sur la station agronomique de Clermont.

Il m'est impossible de répondre aux divers points de votre questionnaire, parce qu'il n'y a point de station agronomique à Clermont, ou du moins parce qu'elle n'existe encore qu'à l'état de germe ou d'embryon. Il n'y a qu'un cours de chimie agricole fait par un simple pharmacien, à qui l'on a donné le titre de professeur de chimie et de chimiste-expert de la Société d'agriculture de Clermont. Voici en quelques mots l'histoire de ce que nous faisons :

Il y a dix-huit mois, j'ai proposé à M. le Président de la Société d'agriculture de fonder un laboratoire d'analyses, qui serait en quelque sorte une succursale de la station de Beauvais et qui pourrait rendre aux membres de la Société des services pour l'achat de leurs engrais, aussi bien que pour la vente de leurs betteraves. Mon projet a été favorablement accueilli, et, à son tour, M. le Président m'a proposé de faire un cours de chimie agricole. J'ai accepté, et, depuis un an, je fais une leçon de chimie appliquée à l'agriculture à l'Hôtel-de-Ville de Clermont, le dernier samedi de chaque mois.

En même temps, j'ai fondé *à nos frais* un laboratoire d'analyses; j'ai débuté au mois d'avril dernier et depuis cette époque j'ai fait, pour les membres de la Société et d'après le tarif adopté par la station de Beauvais, une vingtaine d'analyses d'engrais, de tourteaux, de betteraves, etc., etc. C'est là un début bien modeste; et notre arrondissement, essentiellement agricole, mérite beaucoup mieux en raison des ressources qu'il offre; il possède déjà un noyau de cultivateurs intelligents, instruits, amis du progrès. Malheureusement la masse, comme partout, est un peu routinière, et notre ville n'offre guère de ressources au point de vue des études. Néanmoins ce ne sont pas là des motifs pour se décourager, et, soutenu par M. le président et MM. les membres du bureau de la Société, dont le zèle est à toute épreuve, j'ose espérer que nous pourrons arriver à faire quelque chose. Seulement il faudra pour cela beaucoup de temps et de persévérance.

G. Leblanc,
Pharmacien de 1re classe.

STATION AGRONOMIQUE DE COMPIÈGNE (OISE).

I. — 1860, M. Motel, pharmacien, à Compiègne.

II. — La station ne dépend de personne, ni d'aucun établissement public, d'instruction ou autre.

III. — M. Motel, pharmacien à Compiègne.

IV. — Il n'y a point de conseil d'administration en dehors du directeur.

V. — Pas d'employés, mes élèves m'aident au besoin.

VI. — La station n'a point de champ ou de jardin d'expériences.

VII. — Les analyses d'engrais, de sucre, et de toute nature.

VIII. — Elle ne reçoit aucune subvention.

IX. — Analyses diverses comme je le dis plus haut. Dire le produit annuel est bien difficile, car je ne fais des analyses que quand j'en ai le temps.

X. — Trois exemplaires sont envoyés d'une petite brochure parue en 1868.

XI. — Le laboratoire d'analyses est loin d'être une station agronomique. Je l'ai ouvert en 1860 et j'ai fait, depuis ce temps, de 700 à 800 analyses. Ce laboratoire n'est qu'une annexe de ma pharmacie, qui a cependant rendu quelques services. Depuis deux ou trois ans, j'en ai fait un peu moins, faute de temps. Dans peu de temps, j'espère m'en occuper plus activement et y faire quelques travaux soit théoriques soit rémunérés.

STATION AGRONOMIQUE DE GRIGNON (SEINE-ET-OISE).

I. — 1875. L'administration de l'agriculture.

II. — Annexée à l'Ecole de Grignon.

III. — M. Dutertre, directeur de l'Ecole. Directeur du champ d'expériences et du laboratoire de recherches, M. Dehérain, docteur ès sciences, lauréat de l'Institut.

IV. — La station n'a point de conseil d'administration en dehors du directeur.

V et VI. — Les professeurs de l'Ecole de Grignon. M. Pouriau, docteur ès sciences, s'est chargé des observations météorologiques. M. Grandvoinnet, ingénieur de l'essai des machines. M. Dehérain a la direction du laboratoire et du champ d'expériences; il est secondé dans les cultures par M. Boreau, chef de pratique; dans les analyses commerciales par M. Maquenne, licencié ès sciences; dans les travaux de physiologie végétale et de chimie agricole, par MM. Maquenne et Nautier; celui-ci est rétribué sur les fonds de la station; M. Mouillefert pour les questions de sylviculture, M. Millot pour la technologie.

VII. — Recherches sur l'action des engrais chimiques comparée à celle du fumier. De l'influence qu'exercent les engrais sur le développement des principes immédiats, particulièrement du sucre dans les betteraves. Etude du développement de certaines espèces végétales.

VIII. — 5,000 fr. par an, dont 500 fr. pour le chef de pratique, 1,800 fr. pour le chimiste; le reste est employé aux achats d'engrais, d'instruments, aux frais de culture et aux frais de laboratoire.

IX. — Les analyses commerciales sont seules cotées à un chiffre publié dans les *Annales agronomiques*.

X. — Tous les travaux ont été publiés dans les trois volumes déjà parus dans les *Annales agronomiques*. *M. Grandvoinnet* y a inséré deux mémoires importants sur le roulement et le roulage agricole. *M. Pouriau* a donné le résumé météorologique de 1875, 1876, 1877. *M. Dehérain*, trois mémoires sur les betteraves à sucre. Trois résumés des résultats obtenus au champ d'expériences. Un mémoire sur le développement de l'avoine en collaboration avec M. Nautier. *M. Maquenne*, une note sur le dosage de l'acide phosphorique contenu dans la terre arable; une analyse du sol du champ d'expériences, un mémoire sur le développement des plantes oléagineuses et particulièrement du lin. *M. Dehérain*, rédacteur en chef des *Annales agronomiques*, une étude géologique du domaine de Grignon. *M. Mouillefert*, une étude sur les bois de Grignon; une autre étude sur le débit et le rendement des bois. *M. Millot*, un travail sur la rétrogradation dans les superphosphates.

STATION AGRONOMIQUE DE MELUN (SEINE-ET-MARNE).

I. — La station agronomique a été ouverte au public en septembre 1877.

En 1873, M. Foucher de Careil, sénateur, alors préfet de Seine-et-Marne, a le premier eu l'idée d'élever dans le département une station; le projet a ensuite été étudié par divers membres du conseil général, parmi lesquels on doit citer M. Bélin, agriculteur à Brie-Comte-Robert; mais ce n'est qu'en avril 1877 que le conseil général a été saisi d'une demande de crédit pour l'aménagement des bâtiments et l'achat du matériel.

II. — La station est complétement isolée; elle dépend du département et du ministère de l'agriculture qui lui accorde une subvention, comme aux autres établissements de ce genre.

III. — Gassend (Armand), professeur départemental d'agriculture, essayeur du commerce, professeur à l'Ecole normale de Melun.

IV. — Indépendamment du directeur, le département a nommé une commission de surveillance chargée d'adresser chaque année, au conseil général, un rapport sur les travaux de la station.

V. — Le personnel ne se compose pour le moment que du directeur et d'un garçon de laboratoire. Le préparateur sera très-certainement adjoint dans le courant de l'année 1878.

VI. — La station ne possède qu'un champ d'expériences en commun avec la Société d'agriculture de Melun.

VII. — La station a en vue le contrôle du commerce des engrais et de toutes les matières intéressant l'agriculture. On doit y faire des recherches concernant la chimie agricole, la physiologie végétale et les industries du département. En 1878 on doit étudier la culture de la luzerne et celle du blé.

VIII. — Les subventions sont annuelles; elles se composent de 2,000 francs donnés par le département et d'une subvention du ministère de l'agriculture; cette dernière était de 2,000 francs pour 1877.

IX. — Le directeur de la station étant en même temps professeur départemental d'agriculture, fait des conférences publiques dans toute l'étendue du département. Les recherches entreprises à la station ne sauraient être rétribuées si elles étaient dues à l'initiative du directeur ou du préparateur, mais celles qui seraient demandées par les industriels seraient nécessairement rétribuées suivant leur importance et le parti que les résultats obtenus permettraient d'en tirer. Les recettes provenant des analyses sont versées à la caisse du département; la station n'en bénéficie donc pas; elles se sont élevées, pour 1877, à 267 francs.

X. — La station étant d'une création toute récente, n'a encore pu produire qu'un travail sur la culture de la betterave. On trouvera ce travail dans le compte rendu de la Société d'agriculture de Melun, année 1877, paru en janvier 1878 (Lebrun, typographe à Melun).

STATION AGRONOMIQUE DE L'YONNE.

I. — 1875. Le conseil général de l'Yonne dans sa session d'octobre 1874.

II. — La station est annexée à la chaire départementale d'agriculture.

III. — Foëx (Félix-Etienne).

IV. — Non; il existe seulement une commission de surveillance.

V. — Trois employés salariés et trois aides volontaires. Les trois employés salariés sont : 1° le directeur ; 2° un aide chimiste, M. Kienlen; 3° un garçon de laboratoire.

VI. — La station a : 1° un jardin et une serre pour études de physiologie végétale et de météorologie; 2° une vigne d'expériences.

VII. — Les recherches de météorologie — physiologie végétale — viticulture — vinification — analyses d'engrais.

VIII. — Subventions annuelles : 1° du ministère de l'agriculture : 2,000; 2° du département, 3,900 ; 3° des Sociétés agricoles du département, 3,500.

Produits éventuels : 1° droits d'analyses; 2° produits de la vigne d'expériences.

IX. — La station s'occupe surtout, pour le moment, d'organiser dans le département de l'Yonne l'enseignement agricole à *tous ses degrés*. Elle a institué un certain nombre de champs d'expériences dans différentes parties du département où elle étudie, tout à la fois, certaines questions de physiologie végétale et d'engrais chimiques appliqués à la culture locale, à la culture des légumineuses en particulier.

Elle organise un service météorologique de prévision du temps.

La station fait, pour le public, des analyses rémunérées d'engrais. Elle a organisé un contrôle des marchands d'engrais. De ces deux chefs elle perçoit de 1,500 à 2,000 francs par an. La moitié seulement de cette somme reste à l'actif de l'établissement.

X. — La station, sortant à peine des difficultés d'un début, n'a encore publié que des notes et des rapports adressés, les uns aux Sociétés d'agriculture et comices, les autres au conseil général, les autres enfin à différentes commissions, notamment à la commission d'enseignement agricole.

L'enseignement agricole a été rendu obligatoire dans *toutes* les écoles primaires du département par un arrêté préfectoral visant un rapport du directeur de la station. Le directeur, après avoir soumis à une commission spéciale un programme d'enseignement, qui a été adopté, a été chargé de l'inspection de ce cours dans toutes les écoles. — Rapports sur la question.

Il organise, en ce moment, deux écoles primaires supérieures spécialement réservées à l'agriculture, professe un cours à l'École normale d'instituteurs, fait dans le département des cours et conférences aux cultivateurs. Programme de ces cours.

Il reçoit à la station un certain nombre de jeunes gens désireux d'étudier la chimie agricole.

XI. — La station a coûté, tant en constructions qu'en mobilier et en réactifs, une somme de 30 à 32,000 francs, sur laquelle 1,000 francs ont été donnés par la Société des agriculteurs de France.

STATION AGRONOMIQUE DE CAEN (CALVADOS).

I. — Fondée en 1847 par M. Isidore Pierre, sans subvention.

II. — Les laboratoires sont installés à la faculté des sciences, ainsi que l'amphithéâtre où se font les leçons orales.

III. — Isidore Pierre.

IV. — Il n'y a pas de conseil d'administration.

V. — Directeur, Isidore Pierre. Préparateur, Lemétayer, ancien élève de Granjouan.

VI. — La station a un champ d'expériences.

VII. — Elles ont été publiées en partie dans 4 volumes de recherches théoriques et pratiques faites par le directeur.

VIII, IX et X. — Outre les 4 volumes précités, il a été publié plusieurs autres mémoires dans les *Annales de physique et de chimie*, dans les *Annales agronomiques*, dans le *Journal d'agriculture pratique*, dans le *Journal de l'agriculture*, dans le *Bulletin de la Société d'agriculture de Caen*.

Un traité de chimie agricole, 2 volumes in-12, librairie agricole. Recherches sur les prairies artificielles, travail couronné par la Société d'agriculture d'Orléans il y a une quinzaine d'années.

STATION AGRONOMIQUE DE MORLAIX (FINISTÈRE).

I. — 18 janvier 1875. La station a été fondée sous les auspices de la Société d'agriculture de Morlaix et l'initiative du conseil général du Finistère.

II. — Le laboratoire de la station est celui du collége de Morlaix. Cependant la station est indépendante de cet établissement.

III. — M. Chabrier, professeur de chimie et d'agriculture, secrétaire de la Société d'agriculture.

IV. — Le conseil d'administration n'est encore qu'en voie de formation. Toutefois, la Société d'agriculture exerce un contrôle de surveillance en même temps qu'un patronage.

V. — Le directeur et un aide pour les analyses. Cet aide est un des élèves du collége, ou ancien élève. Un homme est chargé de la surveillance du champ d'expériences.

VI. — Oui, un champ de 24 ares. Ce champ a été gratuitement mis à la disposition de la station par le président de la Société d'agriculture, M. le vicomte Paul de Champagny.

VII. — Etude de terrains, analyse des engrais marins, recherches relatives à la falsification des engrais, études climatologiques.

VIII. — 1,000 francs de l'Etat, 250 fr. du conseil général, 200 francs de la Société d'agriculture et 10 francs de tout comice du département qui a recours aux travaux de la station. Les ressources éventuelles provenant d'honoraires pour analyses s'élèvent à environ 300 francs.

IX. — Le directeur de la station s'occupe, en dehors des travaux indiqués plus haut, d'enseignement agricole sous forme de conférences, de statistique agricole, d'expériences de culture dans le champ d'expériences.

X. — Il a été fait 240 analyses diverses depuis la fondation de la station. Le compte rendu des travaux est à l'impression et sera publié avant la fin du mois. Le directeur rend compte au préfet, tous les ans, de l'état de la station et des travaux effectués et entrepris.

STATION AGRONOMIQUE DE LÉZARDEAU (FINISTÈRE).

I. — La station a été fondée en 1875 et annexée, à cette date, au laboratoire départemental de chimie agricole du Finistère fonctionnant à l'école d'irrigation du Lézardeau depuis l'année 1873.

II. — Le directeur, possédant des locaux, terres et le matériel de laboratoire, offrit au conseil général d'installer une station agronomique, et ce, à peu de frais, comme on le verra ci-après. Le conseil général, dans sa session de 1875, prit la demande en considération, vota des fonds et fit une demande à M. le ministre de l'agriculture qui accorda autorisation et donna subvention.

III. — M. E. Philippar, directeur du laboratoire départemental de chimie agricole et de l'école d'irrigation de l'Etat.

IV. — Il n'existe pas de conseil d'administration. Les vérifications sont faites par le conseil général et l'inspecteur d'agriculture de la région chargé de l'inspection de l'école.

V. — Le directeur, un préparateur, qui est aussi l'un des employés de l'école. M. Leizons, préparateur.

VI. — La station possède deux champs d'expériences spéciaux. Elle opère en outre sur les cultures de l'école qui ont 5 hectares, et les prairies ayant 20 hectares de superficie se prêtent aussi aux expériences.

VII. Observations météorologiques. Essais de cultures fourragères et racines pour en amener l'extension dans le département. Jardin botanique. Essais comparatifs d'engrais. Analyses des engrais. Déceler et empêcher fraudes et falsifications.

VIII et IX. — Les subventions sont relativement très-modestes, mais permettent néanmoins, grâce aux conditions toutes spéciales, de faire face aux dépenses.

Les deux établissements réunis (station agronomique et laboratoire départemental) ont les subventions suivantes :

fixes. . . .	1,550 fr.	
éventuelles. .	300 fr.	Etat 1,000 f. ; département, 550 f. ;
Total	1,850 fr.	

En outre il est fait, chaque année, des analyses d'engrais ou matières agricoles qui sont payées et produisent encore environ 300 francs.

X. — La fondation récente de la station n'a pas permis de faire encore beaucoup d'expériences de longue durée. Elle publie chaque année le résultat de ses travaux dans un bul-

letin spécial relatant les principaux travaux et les analyses faites. Le *Bulletin* de 1876 est paru, un exemplaire en est ci-joint, celui de 1877 est à l'impression. Plusieurs travaux ont été publiés par le directeur dans le *Journal de l'agriculture* de M. Barral, dans le *Journal de l'agriculture pratique* de M. Lecouteux. Tels sont, par exemple :

1° Un article sur les sables calcaires coquilliers;

2° Recherches sur l'emploi agricole des résidus de tannerie;

3° Culture expérimentale de panais, etc.

XI. — Renseignements complémentaires : L'école d'irrigation et de drainage du Lézardeau possédait un laboratoire de chimie pour l'instruction des élèves. M. le Ministre a autorisé d'abord son érection en laboratoire départemental pour analyses de matières agricoles, puis la création d'une station agronomique annexée. Il y avait donc là tous les éléments pour constituer à peu de frais un centre de recherches agricoles. Le matériel, les produits, et surtout un personnel déjà exercé et aussi déjà rétribué. Cela explique la modicité des dépenses de cette station. Les deux établissements fonctionnent convenablement à côté l'un de l'autre :

1° A la station, recherches expérimentales et analyses s'y rapportant;

2° Au laboratoire départemental, analyses demandées d'engrais, terres, eaux, etc.

Les analyses sont de deux sortes : 1° payées par les commerçants ou fabricants; 2° gratuites pour les agriculteurs produisant certificat du maire; cette dernière catégorie d'analyses, payée par le département, emploie chaque année une somme de 300 francs. Enfin, le conseil général a engagé les comices et Sociétés agricoles à subventionner d'une somme de 10 francs annuellement le laboratoire, qui doit donner en revanche des analyses. — Cette mesure, relativement nouvelle, commence à être sérieusement appliquée. — Elle aura ce double avantage : multiplier les analyses et faire connaître le laboratoire départemental.

STATION AGRONOMIQUE DE NANTES (LOIRE-INFÉRIEURE).

I. — La réponse sur ce point est fort explicitement fournie dans le volume ou *rapport général* annexé à la présente réponse.

II. — Le laboratoire a été, jusqu'en 1866, dans mon domicile particulier. Aujourd'hui il fait partie de l'école supérieure des sciences de Nantes.

III. — Adolphe Bobierre.

IV. — Il n'y a pas de conseil d'administration.

V. — Le directeur. — M. Fièvre, préparateur, dont les appointements sont de 1,500 francs.

VI. — Il n'y a pas de champ d'expériences.

VII. — Les analyses sur les matières fertilisantes et les produits agricoles en général.

VIII. — La subvention unique est fournie par le conseil général (2,000 francs).

IX. — La rémunération pour analyses est très-variable selon les années. Le tarif ci-contre (voir affiches) et le nombre des essais mentionnés dans mes rapports (dont un type est également fourni) permettent d'en faire la supputation.

X. — Principaux ouvrages publiés : *Leçons de chimie agricole*, 1 volume, 600 pages; *Simples notions sur l'achat et l'emploi des engrais*, 1 brochure, 2e édition (traduit en italien). Nombreux rapports et mémoires insérés dans les journaux de science et d'agriculture.

STATION AGRONOMIQUE DE METTRAY.

I. — Fondée en 1876, par M. Drouyn de Lhuys.

II. — Le laboratoire agronomique est établi sur un terrain appartenant à la colonie, mais il n'en dépend pas, ni d'aucun établissement public.

III. — Leclerc.

IV. — Oui. Le comité qui a la haute direction du laboratoire a été nommé par le conseil de la Société des agriculteurs de France.

V. — Le personnel se compose du directeur, d'un préparateur et d'un garçon de laboratoire.

VI. — La colonie a mis toutes ses terres en culture à la disposition du laboratoire pour les expériences. Les essais ne sont pas faits constamment sur le même terrain.

VII. — La statistique du sol, la nutrition des végétaux et l'alimentation rationnelle du bétail.

VIII. — Le budget du laboratoire voté et fourni par la Société des agriculteurs de France est de 12,000 francs. Les recettes éventuelles proviennent des analyses faites pour le public : elles ont produit environ 2,000 francs en 1877.

IX. — Les recherches scientifiques ne sont pas payées ; elles n'entraînent qu'à des dépenses. — Les analyses faites pour le public rapportent environ 2,000 francs par an.

X. — Les travaux suivants ont paru dans le bulletin de la Société :

1° Sur des fourrages ensilés à la colonie de Mettray (15 mars 1876).

2° Examen de 10 échantillons de maïs ensilé (15 mai 1876).

3° Etude sur la luzerne en fleur et la luzerne à maturité (15 octobre 1876).

4° Examen du lait de vaches nourries avec des feuilles de betterave (15 mars 1877).

5° Sur la valeur nutritive de l'orge consommée en vert (1er mars 1877).

6° Sur la valeur nutritive des feuilles de gui et l'épuisement (1er mars 1877).

7° Note sur une relation entre les nitrates et le sucre dans la betterave (15 juillet 1877).

8° Les consoudes (1er août 1877).

9° Etude sur la répartition de l'azote sous ses trois formes dans la betterave (15 septembre 1877).

10° Le maïs caragua (1er décembre 1877).

11° Valeur nutritive de la betterave porte-graine.

12° Essais de culture du sainfoin dans un terrain non calcaire (1er mars 1878).

13° De l'ammoniaque et de l'acide nitrique introduits dans le sol par les eaux pluviales de 1877 (1er février et 15 mars 1878).

STATION AGRONOMIQUE DE HUBAUDIÈRES (INDRE-ET-LOIRE).

I et II. — La station viticole a été annexée à la ferme-école de Hubaudières, qui depuis plus de dix ans s'occupait spécialement des questions ayant trait à la viticulture, sur l'initiative du conseil général et du ministère de l'agriculture. Elle a été fondée en 1876.

III. — M. Hanquette (Victor), ancien élève et répétiteur de l'école de Grignon, membre correspondant de la Société centrale d'agriculture.

IV. — Le conseil d'administration se compose de M. Boitel, inspecteur général de l'agriculture, du président de la Société d'agriculture d'Indre-et-Loire et de trois membres du conseil général.

V. — Un chef de la station seulement. M. Léon Vassillière, ancien élève de Grignon.

VI. — La station a la ferme-école comme champ d'expériences. En outre 40 hectares de vignes récemment créées et une collection ampélographique, cultivées en chaintre comme sujets d'observations.

VII. — Spécialement les recherches sur la viticulture et la vinification.

VIII. — La subvention annuelle fixe est de 2,400 francs. Les subventions éventuelles varient de 200 francs à 1,000 francs.

IX. — Les travaux théoriques consistent en expériences directes faites sur les cultures, tant au point de vue des divers systèmes de taille qu'à celui des engrais employés; des expériences sur la vinification et des analyses chimiques. La station ne fait pas de travaux rémunérés.

X. — Observations météorologiques, notamment sur le rayonnement nocturne. Effet des gelées printanières. Echange d'appréciations sur ce sujet avec M. Marie Davy. (Voir *Journal d'agriculture pratique*, janvier et février 1876, *Journal de l'agriculture*, 26 et 29 février 1876). La culture de la vigne en *chaintre* (*Journal de l'agriculture*, 11 septembre 1875). La culture en *chaintre* contre le phylloxera (*Journal d'agriculture pratique*, 27 avril 1876). Etude sur la matière colorante du vin (œnocyanine), *Journal de l'agriculture*.

XI. — Invention faite par M. Hanquette, directeur, d'un appareil nommé colorimètre destiné à mesurer l'intensité colorante des vins, décrit dans le *Journal de l'agriculture* et présenté à la Société centrale d'agriculture, par M. Barral, dans la séance du 16 janvier 1878.

STATION AGRONOMIQUE D'ORLÉANS (LOIRET).

29 janvier 1878.

Monsieur le Secrétaire,

Je viens vous fournir les renseignements qui m'ont été demandés par la commission des engrais. Comme il n'existe point à Orléans de station agnonomique je ne puis répondre aux diverses questions qui m'ont été posées.

Orléans n'est pourtant pas resté complétement indifférent aux grands progrès agricoles qui se sont effectués depuis trente ans.

En 1858, l'honorable M. Perrot, président du comice d'Orléans, me chargea de faire un cours de chimie agricole et d'agriculture qui a été continué jusqu'en 1870. Ce travail, imprimé par les soins du conseil général du Loiret, a formé sept petits volumes que vous trouverez, si vous en avez besoin, à la librairie agricole, rue Jacob.

En même temps que je professais ces leçons, je ne cessais de démontrer l'utilité et les avantages d'une station agronomique. Mais mes efforts ne furent point couronnés de succès.

En 1862, je fus nommé vérificateur des engrais pour le

Loiret. Ces fonctions consistaient à analyser gratuitement les engrais demandés au commerce par les cultivateurs de notre département. Je n'avais pour ce travail que la modeste somme de 300 francs.

Pendant les premières années le nombre d'analyses faites pour le compte des cultivateurs ne fut pas important, mais depuis cinq ou six ans le nombre s'est accru progressivement jusqu'au chiffre annuel de cent en moyenne par an.

Les besoins de l'agriculture et les fraudes commerciales vous expliqueront facilement cette progression.

Les fonctions de vérificateur des engrais étant devenues onéreuses pour moi, je demandai au conseil général d'élever mon traitement à 2,000 francs.

Ma demande ayant été rejetée, j'ai cessé mes fonctions au 1er janvier dernier, continuant à faire les analyses des engrais pour le commerce.

Le chiffre de ces analyses s'élève annuellement à quatre cents.

Les renseignements que je viens de vous donner vous paraîtront peut-être inutiles, mais j'ai cru devoir le faire pour le cas où ils pourraient vous servir.

GAUCHERON.

STATION AGRONOMIQUE DE BOURGES (CHER).

I. — La Société d'agriculture du Cher a fondé la station agronomique en 1875.

II. — La station est isolée, ou plutôt, elle est patronnée par la Société d'agriculture du Cher qui la subventionne.

III. — E. Péneau.

IV. — Il y a un conseil d'administration composé des six présidents de comice du département et de douze membres nommés par la Société d'agriculture et choisis dans son sein. Le président est M. le baron de Laitre.

V. — E. Péneau, directeur. — M. Lecat, professeur agrégé au lycée de Bourges, attaché au laboratoire de la station. — (Un domestique).

VI. — La station a organisé des expériences dans les trois arrondissements du département : chaque année les expérimentateurs, tous membres de la Société d'agriculture, envoient leurs observations au directeur, qui les réunit, et en dresse un rapport qui est publié.

VII. — Les recherches de la station portent surtout sur les expériences agronomiques et sur leur côté pratique. La station a aussi commencé la carte agronomique du Cher, dont elle a déjà étudié vingt communes.

VIII. — Subventions de l'Etat, 1,000 fr.; de la Société d'agriculture, 1,000 fr.; du département, 2,400 fr. Ensemble, 4,400 francs.

IX. — Analyses de terres, d'eaux, d'engrais. La station n'a retiré jusqu'à ce jour que 800 fr. par an, du prix des analyses rémunérées, mais elle fournit un nombre considérable de renseignements gratuits sur tous les sujets qui peuvent intéresser les agriculteurs.

X. — Expériences agronomiques sur les betteraves dans six champs d'expériences du département. (*Bulletin de la Société d'agriculture*, 1876). Expériences agronomiques sur l'action des phosphates fossiles dans les prairies et sur celle de la potasse sur les céréales de printemps (sera publié dans le *Bulletin de la Société d'agriculture* de 1877.) Etude sur les phosphates du Cher (*Annales agronomiques*, octobre 1875). Etudes chimiques sur la vigne (*Annales agronomiques*, avril 1877.)

XI. — Le travail le plus important entrepris par la station est la publication de la carte agronomique du département, dont un spécimen (le canton de Vierzon) figurera à l'Exposition, avec échantillons de terres, minerais, etc., et texte très-complet pour tout ce qui concerne la terre arable et les terrains géologiques.

Le directeur, M. Péneau, exposera aussi la carte en relief du département : ce travail est aujourd'hui terminé et constituera une œuvre très-importante, non-seulement au point de vue géographique, mais encore au point de vue géologique et agronomique.

STATION AGRONOMIQUE DE CHATEAUROUX (INDRE).

I. — La station agronomique de Châteauroux a été fondée, en janvier 1874, par l'initiative de la Société d'agriculture de l'Indre.

II. — Elle ne dépend d'aucun établissement public d'instruction ou autre. Etablie, à ses débuts, chez le directeur qui avait mis son laboratoire d'amateur à la disposition de la Société d'agriculture, elle fonctionne depuis deux ans dans un local isolé qui se compose : 1° d'un vaste laboratoire et de deux pièces annexes qui servent de décharge et de magasin; 2° d'une grande salle dans laquelle sont installées des collections de minéraux, de bois, de produits agricoles recueillis dans le département et d'objets divers qui constituent un véritable musée agronomique; 3° du logement du chef de laboratoire; 4° d'une cour dans laquelle sont installés les instruments destinés aux observations météorologiques.

III. — M. Guinon, ancien pharmacien à Châteauroux, chargé depuis 1856 de la vérification des engrais dans l'Indre.

IV. — La station est administrée par un comité composé de neuf membres, faisant partie de la Société d'agriculture et nommés par elle. Le directeur en fait partie de droit. Le président actuel est M. Valery Masquelier; le secrétaire, M. Thimel, tous les deux membres de la Société des agriculteurs de France.

V. — Avec le directeur, M. Guinon, un chimiste, M. Levallois, élève du muséum, spécialement affecté aux travaux du laboratoire; un commis comptable, M. Luneau; un cultivateur, M. Rouet, chargé des travaux de culture du champ d'expériences, composent le personnel de la station.

VI. — Pendant les trois premières années de son existence, la station a organisé et dirigé des champs d'essais chez plusieurs cultivateurs, membres du comité, qui avaient consenti à prendre à leur charge les frais de culture et de récolte. Depuis un an, elle a affermé un terrain de deux hectares, situé à quatre kilomètres de Châteauroux, sur lequel sont continuées des expériences.

VII. — L'emploi raisonné des engrais commerciaux. Leur consommation dans l'Indre est très-importante : elle s'est élevée, en 1876, à 7,700 tonnes. Mais cet emploi se fait, le plus généralement, sans discernement, comme nature et comme quantité. On a donc dû aller au plus pressé en invitant les cultivateurs de la région à faire des essais comparatifs de ces divers engrais et en organisant des champs d'expériences dans lesquels on a essayé, en même temps les engrais dits analyseurs, destinés à apprécier l'état de fertilité du sol, et les engrais complets les plus usuels et de composition connue, afin de juger de leur valeur comparative.

Les résultats obtenus ont fourni des renseignements assurément très-instructifs; mais pour être concluants, ils ont besoin d'être continués pendant plusieurs années.

VIII. — Les subventions annuelles se composent des allocations suivantes :

1° Par le ministère de l'agriculture,	2,000 fr.	
2° Par la Société d'agriculture de l'Indre,	1,000	(1).
3° Par le conseil général de l'Indre,	500	
Au total,	3,500 fr.	

(1) Les allocations de la Société d'agriculture et du conseil général sont faites à la condition qu'il est fait aux cultivateurs une réduction de 60 pour 100 sur le prix du tarif des analyses, tarif déjà très-modéré.

Les subventions éventuelles, reçues comme frais de premier établissement sont :

1° Par le ministère de l'agriculture, 2,000 fr.
2° Par la Société des agriculteurs de France, 1,000

Au total, 3,000 fr.

IX. — Parmi *les travaux théoriques* on peut comprendre :

1° Les observations météorologiques relevées deux fois par jour ;

2° Les analyses des principaux types de terres et de marnes; les eaux de tous les cours d'eau; les fourrages naturels qui croissent sur leurs bords ;

3° La collection et l étude des roches et des fossiles.

Ces deux dernières séries de travaux ont surtout pour but d'arriver à établir une carte agronomique du département.

Les *travaux rémunérés* sont les analyses d'engrais, pour la plus grande partie, et quelques analyses de terres, de marnes et de produits agricoles, faites pour le compte des cultivateurs.

Le nombre de ces analyses depuis la fondation est de 536. Le produit moyen, par année, est de 1,400 francs.

X. — 1874 : 1° Mémoire sur le contrôle des engrais dans l'Indre et sur l'utilité et le mode d'organisation des stations agronomiques, publié dans le *Recueil* du congrès de la Société des agriculteurs de France, tenu à Châteauroux en mai 1874 et dans les *Annales* de la Société d'agriculture de l'Indre;

2° Un rapport sur les premiers travaux de la station et une note sur l'œnologie publiés dans les *Annales* de la Société de l'Indre.

1875 : 1° Exposé des expériences dans les champs entreprises par sept cultivateurs sous la direction de la station ;

2° Les analyses d'engrais, instructions sur leur contrôle ;

3° Rapport général sur les travaux effectués dans le laboratoire pendant l'année, signalant tout spécialement le faible titre en azote des guanos livrés par la Compagnie concessionnaire, en comparaison du titre de 50 p.100 plus élevé qui figure sur les analyses publiées par les soins de cette compagnie ;

4° Conférence sur la fleur du blé et sa fécondation ;

5° Note sur les engrais de la betterave et sur l'influence de l'espacement. Compte rendu des travaux de M. Pagnoul. Tous ces travaux ont été publiés dans les *Annales* de la Société d'agriculture ;

6° Rapport sur le champ d'expériences organisé par la station à la ferme de Beaumont, publié par les soins de M. Damourette dans le numéro du 16 octobre du *Journal d'agriculture* (1875).

1876. A partir de cette année, la Société d'agriculture et la station ont inauguré un nouveau mode de publication de leurs travaux, qui paraissent dans un petit recueil publié sous le titre de : « *Bulletin de la Société d'agriculture de l'Indre et de la station agronomique de Châteauroux.* »

Dans chacun des six numéros parus en 1876, la station a publié les résultats des analyses faites dans son laboratoire en indiquant pour les engrais, autant que possible, l'écart entre le résultat trouvé et la garantie du vendeur. Chaque bulletin donne des renseignements sur la station, son but, l'utilité des analyses, leur tarif; des détails sur le moyen de passer des marchés d'engrais afin de tirer parti des résultats de l'analyse, sur la prise des échantillons et leur envoi au laboratoire, etc., etc.

Un numéro ci-joint, comme spécimen.

1877. Continuation de la publication des travaux de la station dans le même bulletin. Un extrait du n° 1, concernant le commerce du guano péruvien, a été publié, par les soins de M. de Céris, dans le *Journal d'agriculture pratique* (1er volume 1877, page 509).

En outre de ces publications adressées aux membres de la Société d'agriculture, au nombre de trois cents, et à beaucoup de cultivateurs qui n'en font pas partie, la plupart de ces travaux ont été reproduits dans les journaux du département.

Enfin *l'Annuaire de l'Indre*, almanach très-répandu dans la région, renferme chaque année un long article sur la station et tout particulièrement sur le contrôle des engrais.

XI. — Quelques détails compléteront les renseignements ci-dessus.

Le caractère propre de la station de Châteauroux est de n'être pas un établissement officiel. Sa réunion à la Société d'agriculture, l'adjonction au directeur d'un comité composé, en grande partie, de cultivateurs qui participent, dans une certaine mesure, aux travaux de la station, ont pour but de développer autour d'elle l'esprit d'association et, par la suite, la coopération des plus intéressés à son succès.

Le laboratoire est donc essentiellement le laboratoire des intérêts agricoles. Les marchands d'engrais, qui le savent bien, n'y ont recours que bien rarement, pour leur compte. Or, ce sont les analyses traitées pour le compte des fabricants et commerçants d'engrais qui font la prospérité de bon nombre de laboratoires agricoles.

Toutes les analyses faites à la station sont transcrites sur un registre spécial, avec les noms des vendeurs et acheteurs, le prix de vente et des observations, s'il y a lieu, sur la suite donnée à l'analyse (contestations, réductions, etc.).

Ce registre, déposé au siége de la Société d'agriculture, est mis à la disposition de tous ceux qui veulent le consulter.

De nombreuses réductions de prix ont dû être consenties à la suite des analyses. Elles ont même atteint des sommes importantes pendant les deux premières années.

Au point de vue du contrôle des engrais, la station de Châteauroux a donc rendu de très-grands services.

STATION AGRONOMIQUE DE CLERMONT-FERRAND (PUY-DE-DOME).

I. — 1873. M. Aubergier, doyen de la faculté des sciences de Clermont, vice-président de la Société centrale d'agriculture du Puy-de-Dôme.

II. — Elle est isolée ; mais le directeur est professeur de chimie à la faculté des sciences.

III. — Truchot (Pierre), docteur ès sciences.

IV. — C'est la Société d'agriculture qui a administré la station.

V. — Préparateur, M. Finot (Étienne.) Aide-préparateur, M. Wirion. Garçon de laboratoire, M. Paslergne.

VI. — Elle a un champ d'expériences de 30 ares.

VII. — Analyses de terres, d'eaux, d'engrais, de chaux, etc., soit pour des particuliers, soit dans un but d'utilité générale.

Contrôle des engrais commerciaux.

Essais de culture.

Enseignement agricole par des conférences publiques et des conseils individuels donnés aux agriculteurs un jour de chaque semaine à Clermont.

Travaux divers de chimie agricole.

VIII. — Du ministère de l'agriculture. . . .	3,000	francs
Du département.	1,200	—
Don de M. Aubergier (annuel).	1,300	—
Produit des analyses. . . . . . . 1,000 à	1,200	—

A l'établissement de la station, la subvention du ministère a été de 5,000 francs, et la Société des agriculteurs de France a bien voulu accorder 1,000 francs.

IX. — Indiqués plus haut à propos des recherches de la station. Analyses faites pour les particuliers, 1,000 à 1,200 francs.

X. — 1. Sur la proportion d'acide carbonique dans l'air atmosphérique, 1873. Comptes rendus de l'Académie des sciences.

2. Sur l'ammoniaque de l'air atmosphérique, 1873. Comptes rendus, etc.

3. De la lithine dans le sol de la Limagne, etc., 1874, Comptes rendus, etc.

4. Des soins à apporter à la fabrication du fromage d'Auvergne, 1873 (conférence publiée et insérée dans le *Bulletin agricole du Puy-de-Dôme*).

5. La terre arable, 1873 (conférence publiée, etc.).

6. Essais agricoles au champ d'expériences (publiés chaque année et insérés dans le *Bulletin agricole du Puy-de-Dôme*).

7. Conservation des vins par le chauffage (conférence publiée et insérée, etc.).

8. La vinification (conférence faite sur plusieurs points en 1874, en 1875, publiée; etc.).

9. Sur le phylloxéra (5 conférences en 1875).

10. Les engrais industriels (2 conférences en 1876 et 1877, publiées).

11. Le fumier de ferme (conférence faite en 1877, publiée).

12. Culture de la betterave (conférencc faite en 1877, publiée).

13. Les stations agronomiques (conférence faite en 1876).

14. Le kirsch d'Auvergne (conférence faite en 1875, publiée); extrait publié dans les *Annales agronomiques*.

15. Observations sur la composition des terres arables de l'Auvergne, 1875 (publiées dans les *Annales agronomiques*, dans le *Bulletin agricole du Puy-de-Dôme*).

16. Les terres arables de l'Auvergne }
17. La fixation de l'azote dans les sols } 1875. Comptes rendus de l'Académie des sciences.

18. Etude chimique des blés glacés servant à la fabrication des pâtes alimentaires, 1876 (congrès de l'association française, *Annales agronomiques*, *Bulletin du Puy-de-Dôme*).

19. Proportion d'acide carbonique dans l'air pendant l'hiver, 1876, *idem*, *idem*.

20. Etude chimique des laits d'Auvergne, 1876, *idem*, *id.*

21. Etude chimique sur les eaux potables d'Aubière, 1876 (Académie des sciences, belles-lettres et arts de Clermont).

22. De la fertilité des terres volcaniques, 1877 (congrès de l'association française et *Annales agronomiques*).

23. Les eaux carboniques du Puy-de-Dôme, 1877 (congrès de l'association française.

24. La mégisserie (conférence industrielle en 1877, publiée).

STATION AGRONOMIQUE DU CANTAL.

I. — 1877. M. Duclaux a pris l'initiative, et a rencontré le meilleur vouloir au ministère de l'agriculture et du commerce.

II. — La station est isolée (le Fau, commune de Marmanhac, Cantal).

III. — M. Duclaux, professeur à la faculté des sciences de Lyon.

IV. — Il n'y a pas de conseil d'administration.

V. — Un préparateur.

VI — Il n'y a pas de champ d'expériences.

VII. — Etude du lait et du fromage du Cantal.

VIII. — Subvention annuelle, 3,500 francs.		
	Location.	900 fr.
	Préparateur.	1,000
	Frais de laboratoire.	1,000
	Frais de déplacement.	600

IX. — Travaux théoriques et pratiques. Aucun travail rémunéré.

X. — Un mémoire à l'impression dans les *Annales agronomiques*.

STATION AGRONOMIQUE DE L'EST, A NANCY.

Fondée en 1868, par le professeur Dr L. Grandeau.

Organisation extérieure. Primitivement isolée; rattachée, depuis 1876, à la faculté des sciences de Nancy.

Directeur scientifique. M. L. Grandeau.

Personnel. Deux aides : MM. Henry Grandeau et Boulon; un garçon de laboratoire, un surveillant du champ d'expériences, M. J. Knecht; de deux à cinq élèves au laboratoire.

Objet des recherches scientifiques. Analyse chimique des terres, des eaux. Etudes sur la nutrition des plantes et des animaux, observations météorologiques.

Travaux pratiques. Contrôle des engrais (trois fabriques), analyses rétribuées.

Subventions. De l'Etat, 2,500 francs. Produit des analyses, de 5,500 à 6,500 francs.

La station a été fondée aux frais de M. Grandeau. Sur la dépense totale, un peu supérieure à 70,000 francs, à peu près 20,000 ont été couverts par des dons du ministère de l'agriculture (15,000), du ministère de l'instruction publique (2,000) et de la Société d'agriculture du département de Meurthe-et-Moselle (2,000). Il reste encore à amortir plus de 50,000 francs.

STATION AGRONOMIQUE DE MONTPELLIER (HÉRAULT).

I. — En 1870 j'avais fondé (1) à Nice, au siége de la Société d'agriculture, un laboratoire agricole destiné aux analyses et

(1) M. Audoynaud.

aux recherches; ce laboratoire devient aujourd'hui une station. Nommé professeur à l'école d'agriculture de Montpellier, j'ai continué ces recherches et en ai entrepris de nouvelles, c'est ce qui a engagé la direction de l'école à donner un titre à mon laboratoire, qui a pris le titre de station en mai 1877 seulement.

II. — Cette station est donc sous la dépendance de l'école d'agriculture de Montpellier.

III. — Alfred Audoynand, ancien professeur de physique de l'université.

IV. — Il n'y a pas de conseil d'administration.

V. — Mon préparateur, Alfred Gatard, est la seule personne attachée à la station, ce qui est tout à fait insuffisant; le travail des analyses m'absorbe et m'arrête dans les expériences et recherches que j'ai projetées depuis longtemps.

VI. — 5 à 6 ares sont consacrés aux céréales et une vigne de 5 à 600 ceps dans de mauvaises conditions me sont attribués; ce champ de vignes est trop restreint pour y étudier les questions suivantes :

VII. — Quelles sont les matières fertilisantes les plus favorables à la vigne? Quels sont les modes de culture les plus avantageux? Modes d'application de quelques insecticides, etc. Recherches météorologiques au point de vue agricole.

VIII. — Annuelles. Rien. Eventuelles : 1/3 des analyses au directeur de la station ; 1/3 au préparateur; 1/3 à l'école.

IX. — Aucuns travaux théoriques ou rémunérés.

X. — Depuis mon arrivée à l'école j'ai publié : 1° Excursions agricoles dans les Alpes-Maritimes, 1874; 2° De l'olivier dans les Alpes-Maritimes, 1875; 3° Expériences sur le mode de diffusion du sulfure de carbone, 1876; 4° Influence des engrais potassiques sur la vigne, 1877; 5° Discussion des expériences du Mas de las Sorres, 1 a été publié par la Société de Nice; 3 publié à frais communs avec le docteur Crolas; 2-4-5 ont paru dans les *Annales agronomiques*; divers autres articles ont paru dans le journal de Barral et le *Messager agricole du Midi*; entre autres: mode d'analyse physico-chimique des terres, conférence sur la respiration animale ; mode d'action de quelques insecticides proposés contre le phylloxéra.

J'ai publié encore dans les *Annales agronomiques* (1875), mes recherches sur l'ammoniaque contenu dans les eaux de la mer et des marais salants du voisinage de Montpellier.

Nota. — A mon avis, pour qu'une station rende le plus de services possible, il faut de toute nécessité que le directeur ait des ressources et le temps nécessaire pour les expériences et recherches particulières, et qu'un chimiste lui soit attaché pour le décharger de la plus grande part des essais d'engrais, etc.

STATION SÉRICICOLE DE MONTPELLIER.

I. — 1874. (Arrêté de M. Deseilligny, ministre de l'agriculture : 20 décembre 1873).

II. — Annexe de l'école d'agriculture de Montpellier.

III. — Maillot (Eugène), agrégé de l'université, ancien élève de l'Ecole normale supérieure.

IV. — Direction de l'agriculture.

V. — Sous-directeur : Mayet (Valéry), professeur d'entomologie à l'école d'agriculture. Un garçon de service, journalier.

VI. — Magnanerie, serre à mûriers, bibliothèque, laboratoire.

VII. — 1° Vulgarisation des méthodes d'éducation et de grainage (se fait par un cours de sériciculture à l'école d'agriculture, par des conférences publiques dans les villes du Midi, par les brochures distribuées aux sériciculteurs, par des éducations et des grainages faits à la station et que le public visite en tout temps, etc.).

2° Recherches nouvelles sur les maladies des vers à soie (sont encore à l'état de projet).

VIII. — Budget alloué par le ministère de l'agriculture : Traitements : 8,500 francs. Matériel : 2,000 francs. Frais divers : 3,200 francs.

IX et X. — Quatorze brochures éditées à l'aide des fonds spécifiés ci-dessus, et tirées à 800 exemplaires pour être distribuées gratuitement. Ces brochures sont ci-annexées. En outre la station a distribué gratuitement beaucoup de petits lots de graine pour reproduction à ceux qui en ont fait la demande.

XI. — La station séricicole est absolument distincte de la station agronomique.

ANNEXE N° 3.

OUVRAGES ET BROCHURES

TRANSMIS PAR MM. LES CHEFS DE STATION.

1. Compte rendu des essais (1871-1872). Laboratoire agricole d'Arras, M. Pagnoul.

2. Station agricole du Pas-de-Calais. Compte rendu de ses travaux (1874-1875-1876), M. Pagnoul.

3. Météorologie du Pas-de-Calais. Observations faites en 1876-1877. Station agricole du Pas-de-Calais.

4. Essais relatifs à la betterave et à l'œillette, M. Pagnoul.

5. Annales de l'Institut agronomique de Beauvais (1875-1876-1877).

6. Tarifs des analyses. Station agronomique de l'Oise.

7. Rapport de la commission de visite des fermes du canton de Noaille (1876). Le frère Eugène Marie.

8. Station agronomique de Seine-et-Marne. Règlement et tarifs.

9. Observations météorologiques et économiques faites à Boësses (Loiret) de 1764 à 1853. Charles et Isidore Pierre.

10. Bulletin du laboratoire départemental et de la station agronomique de l'école du Lézardeau (1876). M. Philippar.

11. Laboratoire départemental du Lézardeau (Finistère). Arrêté d'organisation et tarifs.

12. Laboratoire de chimie agricole de la Loire-Inférieure. Compte rendu des travaux (1850-1875). M. A. Bobierre.

13. Bulletin de la Société d'agriculture de l'Indre et de la station agronomique de Châteauroux (1877).

14. Excursions agricoles dans le département des Alpes-Maritimes (1873). M. Audoynand.

15. Expériences faites au Mas de las Sorres sur le phylloxéra (1875). M. Audoynand.

16. Recherches sur l'ammoniaque contenue dans les eaux de la mer (1875-1877). M. Audoynand.

17. L'olivier dans les Alpes-Maritimes. M. Audoynand.

18. Recherches sur les vapeurs de sulfure de carbone. MM. Crolas et Audoynand.

19. Réflexions sur quelques insecticides. M. Audoynand.

20. Expériences nouvelles sur l'application du sulfure de carbone. M. Crolas.

21. Phénomènes chimiques de la respiration animale. M. Audoynand.

22. Influence des engrais potassiques sur les vignes phylloxérées. M. Audoynand.

23. Les engrais appliqués à la vigne (1878). M. Audoynand.

24. Quatorze mémoires ou notes sur des questions diverses de sériciculture. Transmis ou rédigés par M. Maillot.

Paris. — Imprimerie de E. DONNAUD, 1, rue Cassette.

www.ingramcontent.com/pod-product-compliance
Lightning Source LLC
LaVergne TN
LVHW052011160826
845678LV00003B/1009